LETTRES

ADRESSÉES

A MESSIEURS LES PROPRIÉTAIRES RURAUX ET CULTIVATEURS

DU DÉPARTEMENT DE LA GIRONDE.

CINQUIÈME LETTRE (1850).

Valeur et Culture des Prairies naturelles.

1852

EN VENTE.

LETTRES

ADRESSÉES A MESSIEURS LES PROPRIÉTAIRES RURAUX ET CULTIVATEURS DE LA GIRONDE, PAR LE PROFESSEUR DU COURS D'AGRICULTURE DE BORDEAUX, CHARGÉ DE L'INSPECTION AGRICOLE DU DÉPARTEMENT, etc.

CINQUIEME LETTRE (1).

Des prairies naturelles et de leur importance, dans le système de culture qu'imposent aux départements méridionaux leur climat, leurs terres. leurs habitudes, etc., (2).

> « En vain dirions-nous les louanges de la prairie,
> » puisque d'aucun elle n'est méprisée, ou plustôt
> » parce qu'elle est beaucoup estimée de toutes
> » nations. »
>
> OLIVIER DE SERRES .

MESSIEURS ,

Les produits divers que vous obtenez de vos terres, quels que soient leurs formes, leurs propriétés, leurs valeurs, admettent tous, pour principes constituants,

---

(1) La première de ces lettres avait pour sujet : *Des Considérations physiques et morales qui militent en faveur de l'amélioration de notre agriculture*, etc.... La seconde : *Exposé sommaire des principaux systèmes de cultures suivis dans la Gironde et les autres départements méridionaux*, etc.... La troisième : *Principes généraux et pratiques sur la culture du trèfle de Hollande*, etc.... La quatrième : *De l'Égouttement et de l'Assainissement des terres*, etc.... Voir l'AGRICULTURE, années 1847, 1848 et 1849.

(2) On comprendra toutes les difficultés qu'il y avait à traiter, dans une lettre de quelques pages un sujet aussi étendu, et on voudra, nous l'espérons, tenir compte de ces difficultés. D'ailleurs, ainsi qu'on le verra, nous avons dû passer légèrement sur les détails de

les mêmes éléments; autrement dit, la chimie en décomposant ces produits au moyen des appareils dont elle fait usage pour cela, s'est assurée que, pour les former, la main puissante du créateur n'avait eu recours qu'à un très-petit nombre de substances, toujours les mêmes quant à leur nature, mais essentiellement variables quant aux proportions d'après lesquelles elles se réunissent pour former soit le blé, soit le vin, soit les graines oléagineuses, soit le chanvre, etc., etc.

En outre, cette science s'est assurée que ces mêmes substances, bases de tout ce que produit la terre, sont sans cesse autour de nous, bien que nous ne les voyons pas; qu'elles sont mêlées à l'air que nous respirons, et que les plantes sont les moyens dont se sert la nature pour les extraire de ce vaste réservoir, pour leur donner une forme solide et pour nous les présenter.

Voilà pourquoi ces mêmes plantes, mises dans la terre pour s'y décomposer, soit directement, soit après avoir passé dans le corps des animaux qui s'en sont nourris, disposent celle-ci à la production; car elles lui assurent la matière avec laquelle elle forme les denrées qu'elle nous donne.

Voilà pourquoi encore les prairies, soit naturelles, soit artificielles, cette réunion de plantes cultivées uniquement en vue de maintenir, d'augmenter la fertilité de la terre, ont été considérées de tous temps et chez tous les peu-

---

pratique proprement dite que tout le monde connaît, pour insister plus particulièrement sur des considérations propres à éclairer cette pratique et à aider à l'efficacité des moyens qu'elle emploie.

Les précédentes lettres publiées ont eu pour sujets : des **Considérations générales sur l'agriculture de la Gironde**, la **culture du trèfle de Hollande**, l'**assainissement des terres**, etc.

ples comme la base de l'agriculture ; car c'est là, c'est dans ces prairies qu'a lieu la fixation , la transformation de la matière avec la quelle le cultivateur dispose sa terre à produire : matière qu'il leur applique sous forme d'engrais.

Lorsque nous voyons une grande ville , que nous sommes frappés par le nombre de ses maisons et la somptuosité de ses édifices, nous ne doutons pas que, non loin de cette ville , il existe de vastes carrières d'où sont sorties les pierres qui ont servi à toutes ces constructions.

Eh bien , lorsque nous voyons une ferme bien agencée et en parfait état de rapport , nous ne pouvons pas douter non plus que cette ferme ne soit en possession de prairies de bonne qualité et d'une étendue en harmonie avec la sienne.

Pour bâtir, le maçon a besoin de pierres et ces pierres il ne peut les prendre qu'à la carrière.

Pour faire du blé, du vin, des graines oléagineuses, du chanvre, etc., etc., le cultivateur a besoin d'engrais, et cet engrais c'est dans ses étables qu'il le puise, c'est avec ses herbages qu'il le fait ; car, ainsi que le dit Thaër, les cas où il peut se procurer cette matière autrement qu'en la faisant fabriquer lui-même, par le moyen du bétail, sont si rares, qu'il ne vaut pas la peine d'en faire mention (1).

On comprend donc combien est grande l'importance des prairies en général et, en particulier, celle des prai-

---

(1) *Principes raisonnés d'Agriculture,* T. 1 ÿ. 267.

ries naturelles ou permanentes, là où, comme parmi nous, le climat se montre trop souvent hostile à la réussite complète et régulière de celles que l'on nomme articielles ou temporaires.

On comprend tout ce qu'il y a de profondément vrai, d'essentiellement judicieux, dans ces conseils donnés, il y a plus de deux mille ans, aux cultivateurs et par un cultivateur du midi : « Autant que vous le pourrez, faites » des prairies arrosées si vous avez de l'eau ; si vous » n'en avez pas assez, faites des herbages secs autant » que cela sera possible ? (1) »

I.

DES PLANTES COMPOSANT LES PRAIRIES NATURELLES.

Les personnes étrangères à la botanique se figurent assez généralement que le nombre des espèces de plantes, croissant dans les prés, est tellement grand, qu'il serait impossible de pouvoir préciser ce nombre et de pouvoir classer ces espèces.

Ce nombre est grand sans doute, ce classement n'est pas sans difficultés non plus ; cependant, il n'y a pas à tout cela l'impossibilité que l'on suppose.

D'abord on sait que, pour les animaux vivant dans nos étables, il est, parmi les espèces végétales, deux familles surtout en possession de fournir à leur alimentation, les mêmes justement qui satisfont aussi le plus généralement à la nôtre : les *graminées* et les *légumineuses*.

---

(1) Caton · *L'Économie rurale.*

On sait également qu'à ces deux familles, bases essentielles des prairies naturelles, viennent s'en adjoindre quelques autres, moins il est vrai pour ajouter à la matière nutritive fournie par les deux premières, que pour y introduire les saveurs, les odeurs, les principes divers également réclamés par la santé des animaux et par la bonne qualité des produits que nous offrent à leur tour ces derniers : chair, lait, etc...

Enfin, on sait qu'il est encore dans les prairies naturelles, comme dans toutes les autres terres soumises à une culture plus ou moins régulière, des plantes qu'il faudrait en exclure si cela pouvait toujours être possible ; car elles ne peuvent qu'y produire un mauvais effet : soit en gênant le développement des autres, soit en altérant la qualité de leurs produits.

Comme il nous serait impossible, dans cette lettre, de passer en revue toutes ces plantes et d'accorder à chacune d'elles les détails qu'exigeraient sa description complète et l'indication de ses propriétés, nous nous bornerons à consigner, dans le tableau suivant, tout ce que nous pouvons dire ici des plantes des deux premières catégories : devant avoir occasion de nous occuper plus tard de celles de la troisième.

TABLEAU SOMMAIRE

des principales plantes croissant dans les prairies naturelles et concourant à former le foin.

NOMS DES FAMILLES.	CARACTÈRES GÉNÉRAUX DES FAMILLES.	PRINCIPAUX GENRES (1).	PROPRIÉTÉS DES PLANTES COMME FOIN.
GRAMINÉES.....	Plantes à tige (chaume) longue, grêle, creuse et noueuse ; à feuilles engainantes, opposées, longues, étroites et pointues ; à fleurs en épi, comme le froment, ou en panicules, comme le millet.	Agrostis (6). Paturins (8) Avoines (15). Canches (7). Fétuques (14). Bromes (11). Dactyle (1). Ivraies (4). Brizes (3). Cretelles (2). Vulpins (5). Houques (3). Fléoles (2), etc. Flouve (1). (*F. odorante*.	Elles renferment du gluten, de la fécule, de la gomme, du sucre, etc.. Elles constituent un foin doux, nourrissant, rafraîchissant, apéritif, etc. Elle donne au foin son parfum, son odeur de thé.
LÉGUMINEUSES.	Plantes à tige rameuse, pleine, ronde ou quadrangulaire, souvent munie de vrilles ; à feuilles composées ; à fleurs en forme de papillon ; à graines renfermées dans une gousse, etc...	Trèfles (20). Luzerne (12). Vesces (12). Gesses (12) Sainfoins (2). Lotiers (4). etc.	Elles renferment de la fécule, de la gomme, du sucre, etc.. Elles constituent un foin nourrissant, tonique, etc...
OMBELLIFÈRES CHICORACÉES.. COMPOSÉES...... LABIÉES.........	Il serait sans utilité de caractériser ces familles.	Carotte................. Pissenlit................. Plantain................. Achillée mille feuilles............ Sauges..................	Elle est tonique, échauffante, etc... Elle est stomachique. Elles sont vulnéraires. Elle est astringente, aromatique etc.. Elles sont stomachiques.

(1) Les chiffres qui suivent les noms des plantes des deux premières familles, indiquent combien chaque genre compte d'espèces croissant spontanément dans la Gironde On comprend que, dans l'exposition générale qui résulte de ce tableau, il ne saurait être possible de grouper les plantes par rapport aux différentes natures de terrains ce sont là des indications de détail qu'il faut aller chercher dans les ouvrages spéciaux.

Ainsi, on voit que ce qui fait le fond des prairies naturelles, ce sont les plantes de la famille des graminées et
celles de la famille des légumineuses.

Nous croyons ne pas nous éloigner de la vérité, en
assignant à ces plantes et à celles avec lesquelles elles
s'associent pour former les foins de bonne qualité, les
proportions suivantes :

Plantes nourrissantes $\begin{cases} \text{Graminées.} \dots \dots & {}^{6}/_{10} \cdot {}^{es} \\ \text{Légumineuses.} \dots \dots & {}^{3}/_{10} \cdot \end{cases}$

Plantes assaisonnantes. — Diverses. . . . . ${}^{1}/_{10}$

Un fait bien remarquable et bien consolant, c'est
que cette association n'est pas seulement le résultat du
calcul et de l'industrie de l'homme, en vue des produits
qu'il demande à la terre; mais aussi des lois que la nature a
établies pour régler ces produits, en vue de la conserva-
tion et du plus grand bien des êtres qui devaient s'en
nourrir.

Pour ce qui regarde les graminées, il résulte des observations des naturalistes et des agriculteurs, que les
plantes de cette nombreuse et utile famille, sont essentiellement envahissantes et exclusives des autres ; qu'elles
tendent sans cesse à dominer partout où elles se présen-
tent, à rester maîtresses du terrain. C'est là ce qui leur
a fait donner le nom de *plantes grégaires,* d'un mot latin
qui signifie *troupeau,* parce que effectivement ces plantes
vivent en troupe, parce que mutuellement elles se protè-
gent et aident à leur multiplication, ainsi que cela se
voit non-seulement dans nos prés, mais sur une échelle
bien autrement grande, dans les savanes du Mississipi,
dans les pampas du Brésil, etc.

Une autre circonstance non moins digne d'être notée,
puisqu'elle témoigne de la même sollicitude de la part de
la nature, ce sont les sympathies qui existent entre les

plantes de la famille des graminées et les plantes de la famille des légumineuses ; c'est le concours mutuel qu'elles prêtent à leur développement respectif.

Ces faits, bien qu'aussi vrais de part et d'autre, sont beaucoup plus faciles à constater cependant dans les cultures annuelles que dans les prairies.

Ne sait-on pas, effectivement, que le trèfle, semé dans le blé au printemps, trouve une de ses plus précieuses chances de réussite dans la protection que prête la céréale à ses premiers développements.

Ne sait-on pas que lorsqu'un trèfle a mal réussi, ou lorsqu'il commence à vieillir, à se dégarnir, de même qu'une luzerne, ce sont les graminées qui les envahissent et surtout les fétuques (la fétuque, queue de rat).

Ne sait-on pas enfin que le trèfle succède avec le plus grand avantage au blé, et qu'il est à son tour une excellente préparation pour ce même blé.

II.

DES TERRES PROPRES A FORMER LES PRAIRIES NATURELLES.

Les prairies naturelles peuvent être établies dans toutes les terres, parce que toutes les terres, depuis les meilleures jusqu'aux plus médiocres, sont susceptibles de produire de l'herbe.

Néanmoins, l'expérience a dès longtemps démontré le grand avantage qu'il y a à choisir, pour ces sortes d'établissements, les meilleures terres et celles auxquelles leur position relative assure une plus grande humidité, sans que cette humidité puisse aller cependant jusqu'à être exclusive de la production des bonnes herbes (1).

A son tour, la science est venue donner les raisons

---

(1) « La meilleure terre en prairie : la moyenne en labourage : la moins valeureuse en vignoble ».　　　　　(OLIVIER DE SERRES).

de cet avantage, en faisant remarquer que les plantes des prairies, les plantes coupées avant d'avoir graîné, appartiennent à la catégorie de celles qui, pour se développer, pour aller jusqu'à la floraison, moment où on les récolte, empruntent plus à l'atmosphère, à l'air, qu'à la terre.

Or, plus une terre est riche, plus elle a de fécondité et plus aussi les plantes qu'elle fait naître sont pourvues des organes et douées des facultés qui permettent, qui facilitent ce premier emprunt; qui font qu'elles prospèrent sans épuiser la terre.

Dans un ordre de choses tout-à-fait différent, nous retrouvons encore cette vérité.

Plus une famille s'impose de sacrifices, plus elle fait pour un fils doué d'ailleurs d'heureuses dispositions, et plus elle est en droit d'espérer que ce fils, usant de l'instruction qu'il aura reçue, pourra à son tour ajouter à son bien-être et reconnaître même les avantages dont il aura été l'objet.

Ce sont aussi les terres les plus fraîches, avons-nous dit, soit par leur nature particulière, soit par leur position relative, que l'on choisit de préférence pour l'établissement des prairies naturelles.

La physiologie végétale ne nous apprend-elle pas en effet que l'humidité est la condition essentielle du développement en tiges et en feuilles des végétaux; tandis au contraire qu'il faut à ce développement une plus grande sécheresse quand il a pour but les fruits et les graines?

On comprend ainsi le grand avantage des irrigations appliqué aux prairies.

Enfin, toutes choses égales d'ailleurs, ce sera toujours agir prudemment, se concilier de précieuses chances de succès, que de fixer une prairie naturelle au-dessous des pièces à blé : là où devront se réunir les eaux pluviales, après avoir circulé sur ces pièces, après leur avoir enlevé, comme cela se voit trop fréquemment dans nos contrées, ce que la terre avait de plus soluble en matières organiques (1).

Quoi qu'il en soit de toutes ces considérations, dans la Gironde les prairies naturelles peuvent être rangées en quatre classes, eu égard principalement à la nature de la terre qu'elles occupent : ce sont les *prairies de palus*, les *prairies basses*, les *prairies marécageuses*, les *prairies sèches*.

Nous ne pensons pas qu'il soit nécessaire d'entrer dans aucun détail sur cette classification. Tous les cultivateurs la connaissent ; tous savent que les prairies de palus et les prairies basses sont celles qui donnent le plus abondamment ; que les prairies marécageuses produisent un foin grossier, souvent impropre à la nourriture des animaux et employé comme litière (la *bauge*), et que les prairies sèches rachètent par l'excellente qualité de leur foin, le défaut de quantité qui est trop souvent leur partage.

III.

DE LA FORMATION DES PRAIRIES NATURELLES.

Les terres que l'on veut mettre en pré peuvent être de deux sortes, par rapport à leur affectation antérieure : elles peuvent n'avoir jamais été cultivées : elles peuvent être déjà en culture depuis un temps plus ou moins long.

Dans le premier cas, des faits en très-grand nombre ont prouvé combien il était difficile, combien il était

---

(1) Ce fait est tellement positif, qu'on nous a montré des prairies, dans cette situation, dont la récolte était sensiblement plus considérable, toutes les fois que les terres supérieures étaient mises en blé, toutes les fois qu'elles étaient fumées.

imprudent, de les faire passer immédiatement et sans transition aucune de leur premier état à celui de prairie naturelle. Tous les efforts que l'on peut faire alors, pour empêcher les plantes sauvages qui occupaient le sol de reparaître demeurant sans succès, surtout s'il s'agissait d'une végétation telle que celle de la bruyère, de l'ajonc, de la fougère, etc., etc.

Une réflexion bien simple suffit pour expliquer de tels résultats et pour conduire les cultivateurs à s'en garantir.

Les prairies naturelles font bien partie de ce que l'on nomme en général les *terres cultivées*, par opposition aux autres terres qui n'ont jamais subi le joug de l'homme ; mais pour elles leur état de culture constitue en quelque sorte une *culture libre*, quand on compare cette culture à celle dont sont l'objet les terres à blé par exemple. Pour ces dernières, effectivement, les travaux, les soins, les sollicitudes sont incessants, tandis que pour les autres, tout cela se réduit à bien peu de chose, trop souvent même à rien du tout.

Dès-lors on comprend que ce n'est qu'après une longue habitude du régime de *culture complète*, que les terres peuvent être abandonnées en quelque sorte à elles-mêmes, à leurs bons penchants, pour continuer à produire des plantes, plus variées il est vrai que ne sont nos céréales, mais restreintes cependant, ainsi que nous l'avons vu, à un très-petit nombre de familles. Pour pouvoir défendre ces plantes contre l'envahissement d'une foule d'autres qui les détruiraient, ou altéreraient sensiblement leur produit.

Le bœuf, le cheval que le conducteur laisse aller seuls, ne sont pas ceux qui viennent d'être domptés ; mais bien au contraire ceux qui ont déjà une longue habitude de la contrainte et de l'obéissance.

Ainsi, ce n'est qu'après un régime de culture composé des plantes les plus exigeantes, comme la pomme de terre surtout, qu'une terre jusque-là sauvage, peut être mise en prairie naturelle avec espoir de succès.

Quant à celles qui étaient déjà assujéties aux lois de la culture, ces précautions sont inutiles : elles ont l'habitude de la soumission exigée par ce genre d'emploi.

Mais ce qu'il faut accorder à toutes indistinctement, avant de leur confier la graine de foin, ce sont des travaux de défoncements, de nivellements, d'assainissements, qui peuvent varier cependant selon les cas ; ce sont des engrais même quand elles sont maigres ou plus ou moins épuisées.

C'est de ces préparations que dépendent le sort de la prairie ; et, pour les bien faire, il ne faut regretter ni les peines, ni les avances, ni le temps. « Ce long terme » vous importunant, dit le bon Olivier de Serres, (qui le » porte à seize mois), considérez qu'en moins de loisir ne » pouvez rendre votre terre en poudre, comme de néces- » sité pour la prairie telle la convient autrement n'auriez » le pré de la bonté désirée, surtout en étant le terroir » fort et tendant à l'argile. Partant il vaut mieux délayer » un peu pour faire une réparation bonne et perpétuelle » qu'en se précipitant *gaster l'ouvrage.* »

Nous n'entrerons pas ici dans de grands détails sur les pratiques diverses de la formation des prairies naturelles ; elles sont si simples ces pratiques que même, sans y recourir et après les soins préalables que nous venons d'indiquer, la terre par ses propres tendances et sans aucun autre secours, peut se couvrir de bonnes herbes et se convertir en pré.

Cependant, il est plus sûr de venir en aide à ces tendances, de les aider en semant des graines bien choisies, bien appropriées à la nature du sol : soit qu'on achète ces graines et qu'on ait soin de les assortir selon les diffé-rentes formules citées dans les livres spéciaux, soit qu'on les récolte avec attention sur des portions de prés déjà existants et offrant, avec celui que l'on veut former, des analogies de destination, de situation et de nature de sol.

Cette dernière manière de procéder est d'autant plus rationnelle que la terre, en définitive et quoiqu'on fasse, ne produira jamais que les plantes qui lui conviendront, que les plantes qui s'harmoniseront avec les propriétés chimiques et physiques qui lui sont particulières (1).

Dans nos contrées méridionales et à l'égard des terres sèches, il paraît généralement plus avantageux de semer à l'automne qu'au printemps. C'est encore une méthode très-convenable en plusieurs cas, que de semer en même temps une plante annuelle telle que l'avoine, l'orge, le froment même, comme protectrice des jeunes fourra-gères, dans les premiers moments de leur développe-ment.

IV.

DE L'ENTRETIEN, DES RÉPARATIONS, ETC...., DES PRAIRIES NATURELLES.

Une opinion bien funeste et cependant beaucoup trop répandue dans nos campagnes, c'est celle qui tend à faire

---

(1) Dans les graines que l'on achète et que l'on assortit, on ne com-prend guère que celles des plantes des deux familles déjà signalées comme faisant le fond des prairies naturelles : *Graminées et Légumi-neuses*. Quant aux autres, c'est la nature qui y pourvoit et elle n'y man-que jamais. L'assortiment de ces graines a lieu, du reste, dans des proportions semblables à celles que nous avons également signalées, comme existant entre les graminées et les légumineuses, et quant aux variations que ce même assortiment peut éprouver, par rapport à la nature particulière de la terre à mettre en pré, on les trouvera lon-guement exposés dans les traités spéciaux.

croire que les prairies naturelles peuvent complètement se passer du concours du cultivateur ; que celui de la nature leur suffit et que c'est faire un mauvais emploi de ses travaux et de ses avances, que de les appliquer même accidentellement aux prés.

Sans doute, la nature fait beaucoup pour les prairies naturelles, surtout quand elles ont été bien établies, quand elles ont reçu une impulsion qui fait qu'abandonnées aux lois de cette même nature, elles continuent à réaliser les espérances que l'on avait fondées sur elles. Toutefois, il ne faut pas qu'une telle confiance aille trop loin ; il ne faut pas la pousser jusqu'au point de se croire complètement dégagé, à l'égard de ces sortes d'exploitations, de tous les genres de concours indistinctement que l'on accorde aux autres ; jusqu'au point de négliger complètement en ce qui les concerne, le sage enseignement que renferme ce proverbe :

Aide-toi
Le ciel t'aidera?

Il faut donc, en cette circonstance comme en tant d'autres, si l'on veut avoir de bons résultats, si l'on veut que ces résultats se maintiennent, associer ses forces à celles de la nature ; il faut venir en aide à cette nature, ne pas permettre qu'elle s'égare, qu'elle tende à des résultats autres que ceux que nous avons en vue, autres que ceux qui peuvent nous être avantageux.

Sans qu'il soit nécessaire de mentionner ici des travaux que tout le monde connaît et que tout le monde pratique plus ou moins : comme le recurement des fossés, l'entretien des clôtures, etc..., etc..., il est encore, pour les prairies naturelles, d'autres opérations foncières ou annuelles dont elles se trouveraient à merveille et que l'on est trop généralement cependant dans l'habitude de négliger, ou de n'accomplir que très-imparfaitement. Parmi ces opérations, citons en première ligne : l'assainissement, l'application des amendements et des engrais, la destruction des plantes et des animaux nuisibles, etc.

A). *Assainissement des prairies naturelles.* — Trop souvent, par suite de la disposition des terres, ou du voisinage de quelque grand réservoir d'eau, comme ceux qu'exigent l'établissement des moulins (1), il arrive que tout, ou partie des prairies naturelles, se trouve dans un état habituel d'humidité excessive. Les conséquences de cet état se manifestent immédiatement par une Végétation tout-à-fait différente de celle exposée dans notre tableau ci-dessus : par la production des joncs, des laiches, des renoncules et autres plantes susceptibles de faire un foin dur, un foin aigre.

Voici, en peu de mots, l'explication de ces phénomènes qu'il faut d'abord bien comprendre pour pouvoir y porter remède.

Dût-on trouver cette comparaison extraordinaire, nous dirons que ce qui se passe dans une prairie qui produit du foin aigre est absolument identique à ce qui se passe dans nos estomacs, lorsqu'une trop grande quantité d'aliments ou toute autre cause sont venues y troubler le travail de la digestion. On sait qu'alors ce travail, à part les autres circonstances qui le rendent difficile, pénible, donne lieu à des réactions acides, à des produits qui ont le goût de vinaigre : qu'on veuille bien excuser ces détails.

---

(1) Voir à cet égard notre 4.me lettre : *De l'égouttement et de l'assainissement des terres, etc...,* dans laquelle les causes de l'excès d'humidité qui peut nuire aux terres cultivées en général ont été étudiées d'une manière toute spéciale et les moyens d'y remédier indiqués. — *L'Agriculture,* 1849, pages 113-143, avec planches.

Eh bien, la prairie elle aussi, a sa digestion contrariée. Les matières diverses qu'on a pu lui donner à titre d'engrais, ou que la nature elle-même lui a assurés par l'accumulation des débris des végétaux qu'elle a nourris antérieurement, ne se décompose pas d'une manière régulière, comme elles devraient le faire, à cause de la présence constante de l'eau ; et alors, au lieu de produire ce terreau doux et fertile que recherchent les graminées et les légumineuses, elles donnent un terreau aigre, acide, qui ne peut lui-même que nourrir des plantes ayant ces mêmes propriétés.

La cause du mal étant connue, ainsi que les lois d'après lesquelles il se propage, rien n'est plus facile que d'indiquer le remède.

D'abord, il faut détruire l'excès d'humidité, la constance de l'humidité : soit, selon les cas, par des tranchées, des exhaussements de terrain, etc..; soit par des saignées couvertes (1).

Puis, pour purger la terre de l'acidité dont elle est imprégnée, il faut lui appliquer des matières alcalines : des cendres, de la chaux, de la marne, etc... (2). De cette

---

(1) Ayant déjà, dans notre 4.me lettre, traité ces matières d'une façon toute spéciale, nous ne pouvons pas, en ce moment, leur consacrer plus de détails. Seulement, nous devons dire que, dans le département même de la Gironde, il nous a été donné de voir des travaux d'assainissement de prairies extrêmement remarquables. Et, si nous traduisons les résultats de ces travaux par la plus-value qu'ils ont amenée, nous pourrons dire qu'il en est qui ont fait monter le prix de la prairie de 1000 fr. à 4 ou 5000 fr.

(2) Une expérience bien simple peut démontrer instantanément les changements qui se manifestent dans la terre.

Que l'on prenne un verre, que l'on y mette de l'eau ordinaire. Que dans cette eau l'on trempe un morceau de papier bleu teint avec la couleur végétale de tournesol, ou, ce qui est la même chose,

manière et par une réaction que la nature elle-même se charge de déterminer, on voit les mauvaises plantes disparaître, les bonnes prendre leur place et le foin récolté gagner en quantité et en qualité.

B). *Application des amendements et des engrais.* Nous venons de parler de l'application aux prairies de la cendre, de la chaux, de la marne, nous pouvons ajouter encore à cette nomenclature la suie, les vieux plâtres, les vieux mortiers, etc..., toutes ces matières, dont l'effet chimique est analogue, produisent sur les prairies, d'ailleurs bien disposées pour les recevoir, un excellent effet. Elles font disparaître les herbes de mauvaise qualité et donnent aux bonnes, particulièrement aux légumineuses, une nouvelle vigueur.

Ces amas de coquilles brisées que l'on nomme *faluns* et que l'on trouve sur un grand nombre de points de la

---

que l'on verse dans cette eau quelques gouttes de dissolution de cette teinture (ce papier et cette dissolution se trouvent chez les pharmaciens). Le papier bleu ne changera pas de couleur, ni la teinture non plus. *Parce que l'eau n'est point acide.*

Mais, au lieu de se servir d'eau ordinaire, que l'on prenne de l'eau, dans laquelle on aura mis quelques gouttes de vinaigre ou tout autre acide; ou bien de l'eau dans laquelle aura digéré pendant quelques heures de la terre notablement acide, comme celle de nos landes, celle qui produit des joncs, etc...; que dans cette eau on renouvelle les essais ci-dessus, alors on verra le papier bleu rougir de même que la teinture, et celle-ci donnera à l'eau l'aspect d'un vin rosé. *Parce que l'eau sera acide.*

Eh bien, telle est la situation de la terre qui produit, au lieu de bonnes herbes, des joncs, des laiches, des renoncules, etc.

Maintenant, pour comprendre l'efficacité du remède indiqué, que l'on ait un autre verre dans lequel on aura mis d'abord un travers de doigt de cendre ordinaire et, par dessus cette cendre, de l'eau. (Cette préparation doit avoir été faite quelques heures avant, afin que la cendre d'abord bien mêlée à l'eau ait eu le temps de se dépo-

partie du département située sur la rive gauche de la Garonne, peuvent aussi servir à la bonification des prés. Nous les avons vu employer de la sorte notamment dans la commune de Salles, sur les bords de la Leyre.

A l'égard des engrais proprement dits et de leur application aux prairies, les opinions sont un peu divisées. Certains agronomes, comme Thaër notamment, veulent que l'on n'hésite pas quand c'est nécessaire, à donner du fumier et du meilleur à cette source première du fumier. D'autres, comme Schwerz, voient une meilleure application de cet agent énergique de la production aux terres à blé.

---

ser et qu'on puisse obtenir cette dernière claire, si on ne veut pas recourir à la filtration).

Qu'on verse dans la liqueur acide un peu de cette eau ayant dissous de la potasse de la cendre ; si on se sert de papier bleu, on verra qu'après cette addition celui-ci ne rougira plus ; et, si on se sert de teinture bleue, on verra qu'après cette même addition, la liqueur aura perdu sa teinte rouge.

Ainsi la cendre, ou les principes qu'elle aura abandonnés à l'eau, auront combattu et détruit l'acidité. Ils auront ramené la liqueur imprégnée de cette acidité à son état naturel : c'est-à-dire à l'état où elle ne change ni la couleur du papier bleu, ni celle de la teinture de tournesol.

Or, cet état, cet état neutre, c'est celui des bonnes terres, de celles qui produisent les végétaux doux et sucrés qui font les bons foins.

Au contraire, l'état d'acidité, c'est celui des terres que cette circonstance rend mauvaises et qui produisent les végétaux durs et aigres qui font les mauvais foins.

Ainsi, toute substance opposée à l'acidité, toute substance alcaline : cendre, chaux, marne, etc., doit produire sur les prairies, particulièrement sur celles qui sont acides, et nous verrons que c'est assez généralement là leur tendance, un excellent effet.

Voilà comment la théorie, quand elle est vraie, est d'accord avec la pratique, et comment elle arrive à l'explication et par conséquent à la confirmation des procédés de cette dernière !

Sous un climat comme le nôtre, avec les circonstances météorologiques qui impriment une si grande incertitude à nos fourrages artificiels et donnent par conséquent une si haute valeur à nos prairies naturelles, nous croyons, avec Thaër, que la manière la plus certaine d'augmenter les engrais, c'est d'en appliquer une certaine portion aux prés, à ceux qui ne sont pas en position de recevoir le limon des rivières, à ceux qui occupent des terres de médiocre qualité. Les propriétaires soigneux, dit M. de Villeneuve, le Nestor de l'agriculture méridionale, doivent de temps en temps répandre des engrais sur leurs prés.

Nous n'avons pas besoin de dire comment on doit procéder pour fumer les prés et la précaution que l'on doit avoir d'enlever au Printemps, avant la pousse de l'herbe, les débris du fumier appliqué. Nous rappellerons seulement qu'un hersage favorise beaucoup cette opération, en disposant la terre à recevoir et à absorber les matières solubles qui lui sont abandonnées en cette circonstance.

Dans certains cas et dans certaines contrées, on supplée au fumier dont on manque pour les prés, par la paille qui se pourrit sur leur surface et leur communique une activité assez remarquable.

Mais une autre application analogue qu'il serait bien facile de faire dans nos contrées et que nous recommandons d'une manière toute particulière à l'attention des cultivateurs, c'est celle des fanes de pomme de terre. « Un excellent engrais pour les prairies, dit M. Nicklès, que je n'ai jamais vu employer par nos cultivateurs, est fourni par les fanes de pomme de terre (les tiges, les feuilles). On les répand également sur les prairies en Automne, et, au Printemps, on enlève les carcasses qui n'ont pas été décomposées, on les réunit en tas pour les y remettre l'Automne suivant. Lengerk affirme que ces fanes, qu'on ramasse facilement au moyen d'une herse, employée dans les prairies, produisent beaucoup plus que si on les utilisait pour les terres arables; elles constituent d'ailleurs un excellent moyen pour détruire les mousses (1) ».

Mentionnons aussi le plâtre, dont l'effet quand on l'applique bien et par un temps suffisamment humide, est si remarquable sur les plantes de la famille des légumineuses : trèfles, luzernes, sainfoin, vesces, etc... Dans les prairies où ces sortes de plantes sont nombreuses, le plâtre agira très-avantageusement ; dans les autres, il ne saurait en être de même.

On sait, au surplus, que cette action assez difficile à expliquer ne se prolonge pas au-delà d'une année.

C.) *Destruction des plantes nuisibles.* — **Nous** avons déjà dit qu'il était, pour les prairies, certains états auxquels il fallait attribuer le développement des plantes telles que les joncs, les laiches, les renoncules, etc.

Nous pouvons ajouter que la mousse, que l'on voit également trop souvent s'y propager, a pour cause le défaut de soins, le manque de travaux, l'absence de fu-

---

(1) *Des prairies naturelles en Alsace,* etc... Strasbourg, 1839.

L'explication de l'excellent effet des fanes de pommes de terre appliquées aux prairies, est toute entière dans la forte proportion de potasse (*alcali* : voir la note de la page 18) qu'elles contiennent.

Si nous comparons, sous le rapport dont il s'agit, les fanes de pommes de terre à la paille de froment, par exemple, voici les résultats que nous obtiendrons :

100 parties en poids, sèches, de fanes de pommes de terre
donneront en *sels et terres :* . . . . 17,7.
100 parties en poids, sèches, de paille de froment donneront
en *sels et terres :* . . . . 6,9.

(Voir l'*Économie rurale* de M. Bousingault, T. 2, p. 318).

mures ; en un mot, l'état d'épuisement dans lequel on a laissé tomber les prés, la négligence que l'on a mise à combattre l'apparition d'une plante comparable, sous ce rapport, aux méchants dont parle le fabuliste :

> Laissez leur prendre un pied chez vous,
> Ils en auront bientôt pris quatre.

Quant aux autres espèces susceptibles de nuire aux prés, elles sont si nombreuses que nous ne pouvons ici les indiquer avec détail et que nous sommes obligé, pour les faire connaître d'une manière générale, de leur consacrer le tableau qui suit :

PLANTES NUISIBLES AUX PRAIRIES NATURELLES.

MODES D'ACTION DE CES PLANTES.	EXEMPLES PRINCIPAUX.
En se multipliant dans une trop grande proportion quand elles ne sont pas essentielles, comme les graminées et les légumineuses.	La carrotte, le pissenlit, le plantain, l'achillée mille-feuilles, la sauge, etc., etc..., qui n'ont pour but que d'assaisonner le foin.
En ayant un développement inopportun et dont l'époque ne correspond pas à celui des plantes essentielles.	Le pissenlit, le plantain, etc... qui sont en graine lorsque les graminées sont en fleur et dont les feuilles desséchées se brisent et ne profitent pas au foin. — La brancursine, la crête de coq, l'ormière, etc..., qui ne sont bonnes que pendant leur jeunesse.
En portant obstacle, par leur manière de croître, à des plantes plus utiles qu'elles.	La reine-marguerite, la sauge, la scabieuse, la patience, etc..., dont les feuilles en rosette sont fortement appliquées sur la terre et y occupent beaucoup de place.
En communiquant au foin des propriétés dangereuses pour les animaux.	La renoncule scélérate qui est un poison actif et toutes les renoncules qui sont très-âcres, le colchique dont les graines empoisonnent le foin, la prèle qui fait perdre le lait aux vaches (1), la menthe qui les fait avorter, la pédiculaire qui provoque des pissements de sang, etc..., etc...

(1) La prèle ou queue de cheval, nommée dans nos campagnes *rougagnal*, *pinochon*, etc.., est une plante dont le développement est favorisé par la trop grande humidité de la terre et qu'on a les plus grandes peines à détruire. Indépendamment des assainissements, des défoncements que l'on recommande pour cela, mentionnons encore le conseil que donnent les agronomes allemands, de fumer avec des excréments de porcs les prés qui en sont infestés.

Au reste, quel que soit le mode d'action des plantes nuisibles aux prés, rappelons ce précepte essentiel de l'abbé Rozier : « Il faut, au mois de Mai, passer dans la prairie toutes les herbes en revue, couper dans la terre les chardons, la bardane, la toute-bonne et autres plantes voraces qui ne donnent pas de foin, étouffent les bonnes herbes et leurs ravissent l'engrais terrestre et météorique, les faire ramasser et les faire jeter dans les chemins ».

D.) *Destruction des animaux nuisibles.* Les animaux qui nuisent aux prairies naturelles sont, parmi les mammifères, la taupe, le campagnol, qui creusent des cavités souterraines et rejettent la terre au dehors ; parmi les insectes, le hanneton à l'état de larve, la courtillière, la grande sauterelle, la cigale écumeuse, la fourmi, la phalène des graminées, etc..., qui rongent ou salissent les herbes. Les moyens de destruction de plusieurs de ces animaux sont connus. Quant aux autres, c'est le froid de l'hiver qui peut nous en débarrasser, c'est l'irrigation quand elle est possible.

V.

DE L'INFLUENCE DES PHÉNOMÈNES MÉTÉOROLOGIQUES SUR LES PRAIRIES NATURELLES.

Les deux causes capitales du développement des plantes en général, sont la chaleur et l'humidité.

Toutefois, il ne faut pas qu'à toutes les époques de ce développement ces deux causes soient entr'elles dans les mêmes rapports, qu'elles agissent sur les plantes avec la même intensité.

A la première de ces époques, au Printemps, lorsque les plantes poussent des tiges et des feuilles, il faut, eu égard à la chaleur, une bien plus grande proportion d'humidité que dans les saisons suivantes, où leur accroissement est de toute autre nature.

Or, comme le foin se fait avec les tiges et les feuilles des plantes des prairies, il suit de là, que le Printemps est la saison qui produit le foin et qu'on ne peut en obtenir de l'Été et même de l'Automne, que lorsque ces saisons sont affligées par un excès d'humidité capable de nuire aux autres récoltes et principalement à celle du vin , de là ces deux proverbes bien connus :

> Année de foin,
> Année de rien.
>
> Année d'herbe,
> Jamais superbe.

ou encore que lorsqu'on a la possibilité de pouvoir, par des arrosements artificiels, par l'irrigation , rétablir entre l'humidité et la chaleur, les rapports nécessaires à la production de l'herbe.

Nous avons essayé de traduire par des chiffres les considérations qui précèdent. Pour cela , prenant les moyennes des observations météorologiques faites dans la Gironde , nous avons exprimé par 10 les maximum tant de la chaleur que de l'humidité mensuelles , une règle de proportion nous a ensuite donné la valeur des autres expressions au dessous de ces maximum. C'est ainsi que nous avons dressé le tableau suivant (1).

	CHALEUR.	HUMIDITÉ.	EXCÈS DE chaleur.	EXCÈS d'humidité.	OBSERVATIONS.
Décembre .	2.	9.		7.	L'excès d'humidité s'oppose à toute végétation active , les prés ne poussent pas.
Janvier....	2.	9.		7.	
Février....	3.	7.		4.	La végétation se prépare à reprendre son cours.
Mars........	4.	5.		1	La végétation est activée de la manière la plus favorable par la chaleur et l'humidité. Les herbes poussent avec vigueur dans les prés , bientôt elles fleurissent , le foin est fait , la fauchaison a lieu.
Avril........	5.	6.		1.	
Mai.........	6.	8.		2.	
Juin........	8.	9.		1.	
Juillet......	10.	7.	3		L'excès de chaleur arrête la végétation, bientôt elle semble l'avoir détruite, les prés deviennent jaunes. Si l'on peut user de l'irrigation , joindre beaucoup d'humidité à beaucoup de chaleur , on obtient des prodiges.
Août........	10.	6.	4.		
Septembre.	8.	6.	2.		
Octobre....	6.	9.		3.	L'augmentation de l'humidité commence de nouveau à favoriser la végétation : on a du regain.
Novembre	3.	10.		7.	

(1) Voir , pour plus de détails, *L'Agriculture*, Juin et Juillet, 1849.

Indépendamment de la sécheresse, un autre météore qui peut contrarier les prairies, ce sont les gelées printanières, celles qui surprennent l'herbe dans les premiers moments de sa pousse.

VI.

DE LA RÉCOLTE DES PRAIRIES NATURELLES.

La coupe des foins, la fauchaison, a lieu lorsque la majeure partie des plantes qui constituent le fond des prairies naturelles : graminées et légumineuses, est en fleur.

Les raisons qui ont porté à choisir ce moment sont parfaitement expliquées par la physiologie végétale ; car cette science nous apprend : 1.°, que toute plante qui fructifie, qui forme et mûrit sa graine, épuise le sol qui la nourrit ; 2.°, que le moment où la plante contient le plus de sucs élaborés, de matières propres à l'alimentation des animaux, est celui où elle fleurit, où elle se dispose à former le germe qui doit reproduire son espèce.

Avant et après cette époque, le foin perd très-sensiblement en quantité et en qualité : avant il est léger, sans couleur, sans suc ; après il est léger également, dur, de couleur foncée, et son goût n'est plus aussi agréable.

L'attention soutenue, les soins minutieux qu'exige cette récolte, la nécessité de la surveiller nous sont révélés par cette disposition de l'ordonnance de Philippe-le-Bel, du 23 Mars 1302, qui *permet à tout bourgeois de s'éloigner alors (aux fauches) de la ville, sans que cette absence puisse en aucune façon porter tort à ses priviléges.*

Le fauchage des prés comprend deux opérations bien distinctes : le fauchage proprement dit : le fanage ou fenaison.

On connaît le mécanisme du fauchage, il suffit de dire à cet égard qu'une des conditions essentielles de son ac-

complissement , c'est de couper l'herbe le plus ras de
terre possible. A ce moment de son existence , la plante
est d'autant plus riche en sucs nutritifs, que l'on se rapproche davantage de ses racines (1) , et chaque centimè-
tre en hauteur que l'on perdrait dans sa partie inférieure,
représente environ un trentième de sa valeur totale.

Quant au fanage ou à la fenaison , il est certains principes de physiologie végétale qui se rapportent à cette
pratique et qu'il convient de rappeler.

Pour que le foin présente toutes les propriétés nutri-
tives qui le font rechercher ; pour qu'il puisse être con-
servé sans éprouver aucune altération , il est indispensable
que la dessication des plantes qui le composent , s'effectue
sur le sol de la prairie , par l'action simultanée du soleil
et du vent et à l'abri de l'humidité qui nécessiterait une
seconde, une troisième dessication et ferait subir à l'herbe un effet chimique semblable au blanchîment des toiles
rousses.

Faisons remarquer aussi que la résistance de l'herbe ,
à l'action détériorant des agents atmosphériques , étant
en raison directe de l'eau de végétation qu'elle contient ,
il convient de diminuer, à mesure qu'elle se dessèche
davantage, ses points de contact avec l'atmosphère. Voilà
pourquoi on en forme des couches de plus en plus épais-
ses , à mesure qu'elle approche davantage du moment où
elle sera entièrement sèche (2).

---

(1) Ce qui serait le contraire si elle était arrivée à son état complet
de maturité , comme la paille qui est d'autant plus nutritive , qu'elle
se rapproche davantage de l'épi.

(2) On calcule que l'eau de végétation que perd l'herbe des prés ,
par l'opération du fanage, représente 40 pour cent du poids primitif
de cette herbe. En outre, la dessication qui continue à s'opérer dans
le fénil, réduit encore ce même poids de 35 pour cent. Ainsi 100

Maintenant voici à quels signes on reconnaîtra que l'on a bien opéré, que l'on a fait de bon foin. « Sa couleur » sera légèrement verte, tirant sur celle nommée *feuille* » *morte;* son odeur sera agréable et légèrement aromati- » que, analogue, dit M. Gronier, à celle de la *Flouve* » *odorante,* soit que cette graminée existe ou non dans le » foin. Il sera composé d'herbes à tiges minces, déliées, » souples ou difficiles à casser, garnies autant que pos- » sible de leurs feuilles et de leurs fleurs, et appartenant » dans la grande majorité de leur tout, aux familles des » graminées et de légumineuses. Sa saveur sera douce » et sucrée, ne laissant, dans aucun cas, à la bouche, » une impression aigre, amère ou acerbe (1). »

VII.

DU PATURAGE DES PRAIRIES NATURELLES.

Nous savons bien qu'au nombre des moyens de perfec- tionnements de notre agriculture, on range l'entretien permanent des animaux dans les étables. Sans vouloir entrer ici dans les considérations, tirées de notre situa- tion particulière et surtout de l'état de notre climat, qui pourraient nous conduire à l'appréciation de ce système, nous dirons que ces animaux ont été destinés par la na- ture à vivre en plein air, à tirer eux-mêmes leur nour-

---

kilog. d'herbe des prés ne produisent en définitive que 35 kilog. de foin environ.

Dans la Gironde, on estime ainsi qu'il suit le produit moyen des prairies, par hectare :

Prairies de Palus...... 50 à 60 quintaux métriques.
— Vallons... 40 à 50 »
— Sèches.... 20 à 30

(1) Vogeli : *Flore fourragère.*

riture des herbes dont la terre ne cesserait de se couvrir, si elle était laissée sans culture.

Il suit évidemment de ces diverses circonstances que la dépaissance est dans les vues de la nature et qu'ainsi, non-seulement elle doit être favorable aux animaux, mais encore aux plantes que cette même nature doit avoir disposées également pour supporter ce genre d'atteinte.

Ces faits admis, il ne s'agit plus, pour juger la question de l'avantage ou du désavantage qu'il peut y avoir à faire pâturer un pré, que de savoir quelles sont les ressources que l'on peut encore en espérer après la fauchaison et s'il est plus profitable à l'exploitation, ou d'y conduire les animaux, ou d'en espérer une seconde récolte.

Dans le premier cas, un fait bien essentiel, c'est de ne permettre le pâturage que quand le temps est sec et beau, et de l'interdire rigoureusement lorsque la pluie ayant détrempé le sol, les animaux y enfoncent leurs pieds, pétrissent la terre et détruisent le nivellement.

On comprend aussi qu'il est une époque, au mois de Mars avant la pousse des herbes, où le pâturage doit cesser, sous peine de compromettre la récolte de l'année.

Conclusions.

Les détails qui précèdent ne sauraient en aucune façon être considérés comme un traité complet de la matière à laquelle ils se rattachent; mais ils signalent quelques faits, ils rappellent certaines explications, qui pourront, nous osons l'espérer, avoir de l'utilité pour Messieurs les propriétaires ruraux et cultivateurs du département de la Gironde.

Nous le répéterons en terminant, avec nos terres, avec notre climat, avec nos traditions agricoles, les prairies naturelles ont parmi nous une immense valeur.

Sans doute nous avons fait assez de progrès pour pouvoir demander aux prairies artificielles un complément déjà important du fourrage que ces premières, autrefois, étaient seules appelées à nous fournir ; pour pouvoir nous départir de cette règle qui voulait que chaque exploitation comptât rigoureusement un quart, un tiers et même plus de sa surface en prés.

Or, par une disposition des faits qu'on ne saurait assez admirer, il se trouve justement que de toutes les productions, la plus naturelle pour la terre, la plus facile pour l'agriculture, c'est celle de l'herbe : la culture des prairies, dit un auteur ancien, demande plus d'attention que de travail.

On comprend donc tout ce qu'il y a d'avantageux à avoir de bons prés, à les bien soigner, à les bien entretenir ; on comprend aussi le danger auquel on s'expose en négligeant ces *pièces glorieuses du domaine*, comme les qualifie Olivier de Serres ; en un mot, on comprend tout ce qu'il y a de raison, tout ce qu'il y a d'appréciation pratique, dans ces remarquables paroles de **J. N. Schwertz : « De bons prés sont un trésor pour une » ferme ; des prés médiocres sont une charge pour l'agri» culture ; de mauvais prés sont la honte du fermier et » de la ferme ».**

Avril 1850.

P. S. La grande valeur que nous avons reconnue, comme fourrage, aux plantes de la famille des graminées, nous détermine à dire ici un mot de l'une de ces plantes que les lests des navires, venant de l'Amérique septentrionale, importèrent dans la Gironde, il y a environ trente ans et qui n'a cessé depuis de se répandre et de se multiplier, dans les prairies qu'arrosent la Garonne, la Dordogne et leurs affluents. Cette plante, objet d'un travail remarquable publié en 1826 et renouvelé en 1848,

par notre très-affectionné collègue à la Société Linnéenne, à l'Académie, etc..., M. Ch. Des Moulins, est le *Panicum digitaria.* (*Paspalum digitaria,* de Poiret). « Là où les vaches
» broutent continuellement cette plante, elle talle au lieu de
» s'élever, elle fleurit et fructifie continuellement depuis Juillet
» jusqu'en Novembre, et ses chaumes fleuris n'atteignent pas
» 0ᵐ, 2 de haut ; mais ses feuilles et ses tiges charnues et suc-
» culentes, forment alors le pâturage par excellence. Elle ne
» s'élève à un demi-mètre, à un mètre et même plus, que dans
» les dépressions presque inondées, ou dans l'eau, et alors elle
» est plus grêle ».

(M. Ch. DES MOULINS : Actes de la Société Lin-
néenne de Bordeaux ; t. XV, 3.ᵉ liv.).

OUVRAGES DU PROFESSEUR D'AGRICULTURE.

L'Agriculture, recueil mensuel, etc..., 11ᵐᵉ année : 12 fr. par an.—
De la Connaissance des terres cultivées, etc..., volume avec planches, cartes et tableaux : 6 fr.

Etudes sur le Prunier et la préparation de son fruit, faites dans le département du Lot-et-Garonne, en vue de la possibilité et des avantages qu'il y aurait à introduire cette culture dans celui de la Gironde. — Présentées au Conseil-Général, session de 1847 ; 110 pages avec de nombreuses figures : 1 fr. 50. c.

A Bordeaux, aux librairies Ch. LAWALLE, CHARMAS et Th. LAFARGUE.

AVIS.

MM. les Propriétaires qui désireraient faire étudier leurs domaines au point de vue de la *Géologie agricole* et con-naître, par l'analyse, la nature de leurs terres et les amende-ments qu'il conviendrait de leur appliquer, etc., pourront s'a-dresser pour cela au Professeur d'agriculture, à Bordeaux.

Nota. Ils trouveront dans *l'Agriculture,* Numéros de Février page 41, et Mars page 89, un exemple des travaux que l'on peut faire de cette manière, et des résultats que l'on peut en obtenir.

BORDEAUX. — IMPRIMERIE DE TH. LAFARGUE, LIBRAIRE,
Rue Puits de Bagne-Cap, 8.